Deepak Kumar Jaiswal

Ácaro da bainha da folha - Uma ameaça emergente para o arroz

Deepak Kumar Jaiswal

Ácaro da bainha da folha - Uma ameaça emergente para o arroz

ScienciaScripts

Imprint

Any brand names and product names mentioned in this book are subject to trademark, brand or patent protection and are trademarks or registered trademarks of their respective holders. The use of brand names, product names, common names, trade names, product descriptions etc. even without a particular marking in this work is in no way to be construed to mean that such names may be regarded as unrestricted in respect of trademark and brand protection legislation and could thus be used by anyone.

Cover image: www.ingimage.com

This book is a translation from the original published under ISBN 978-3-659-85797-3.

Publisher:
Sciencia Scripts
is a trademark of
Dodo Books Indian Ocean Ltd. and OmniScriptum S.R.L publishing group

120 High Road, East Finchley, London, N2 9ED, United Kingdom
Str. Armeneasca 28/1, office 1, Chisinau MD-2012, Republic of Moldova, Europe
Printed at: see last page
ISBN: 978-620-8-31163-6

DEDICADO

Para
A minha querida
e falecida "MÃE"

AGRADECIMENTOS

Tive uma oportunidade de ouro e sinto-me muito orgulhoso e privilegiado por trabalhar sob a orientação inspiradora do **Dr. Janardan Singh,** Professor, Departamento de Entomologia e Zoologia Agrícola, Instituto de Ciências Agrícolas, Universidade Hindu de Banaras, Varanasi (U.P.), que não é apenas um guia, mas também um anjo para mim. Não só me ajudou no meu trabalho de investigação, como também me deu uma orientação benevolente e foi um portador de tarefas na minha carreira, tendo mudado a minha personalidade.

Também envio os meus mais sinceros agradecimentos aos membros do meu comité consultivo, **Dr. (Smt.) Asha Sinha** Professor, Departamento de Micologia e Fitopatologia, **Dr. M.Raghuraman** Professor, Departamento de Entomologia e Zoologia Agrícola, pelas suas amáveis sugestões para a realização da minha investigação atual e pela sua inestimável orientação no planeamento e execução deste trabalho de investigação, sem a qual teria sido impossível concluir este projeto no prazo estipulado.

Tenho o privilégio de expressar os meus agradecimentos ao **Dr. Kris Han a Karmakar,** do Departamento de Entomologia Agrícola, BCKV, e ao Departamento de Entomologia de Bengala Ocidental pela sua ajuda na preparação deste manuscrito.

Não tenho palavras para exprimir os meus sinceros e sentidos agradecimentos ao **Dr. N.N.Singh**, Professor e Diretor, ao **Dr. S.V.S Raju**, Professor, ao **Dr. P.S. Singh**, Professor, e ao **Dr. C.P Srivastav**, Professor, do Departamento de Entomologia e Zoologia Agrícola, pelo seu grande interesse, sugestões valiosas e encorajamento.

Agradeço em especial à Sra. Santeshwari e ao Sr. Ramesh Yadav pela sua melhor cooperação durante o presente inquérito.

A perseverança, a inspiração e a motivação têm desempenhado um papel importante no êxito de qualquer projeto. Seria incompleto apresentar este relatório sem reconhecer as pessoas que estão por detrás deste projeto e sem o seu apoio, não teria conseguido alcançar este objetivo.

Gostaria também de agradecer aos meus superiores hierárquicos que estiveram sempre prontos a fazer um comentário positivo, quer se tratasse de um comentário de encorajamento ou de uma crítica construtiva, e um agradecimento especial ao **Sr. Amit kr singh,** ao **Dr. Vinay Kumar Singh,** ao **Sr. Dhirendra kr. Singh, Sr. Nikhil kr Singh, Sr. Amitesh Singh, Sr. Pradip kr Singh, Sr. Chanchai Singh** e **Sr. Prashant Kr Singh.**

É, de facto, um grande prazer reconhecer o amor e a cooperação dos meus queridos tapetes de lote e é com imenso prazer que expressamos a nossa gratidão a todos os que partilharam comigo o seu precioso tempo e esforço durante o projeto.

Um trabalho gigantesco como este exige tanto alimento intelectual como encorajamento. Gostaria de agradecer aos meus queridos colegas de grupo e amigos, Raj sekhar L, Deo Narayan Singh, Gaurav Singh, Siba prakash rath, Deepak Kumar baranwal, Mukesh kr Singh, Sandeep kr maurya, Mahendra pal, pelo seu carinho e ajuda sempre que necessário e por partilharem os meus momentos.

Gostaria de exprimir a minha gratidão aos **meus pais (o meu pai mais velho e a minha mãe mais velha),** aos membros da família, em especial à **minha irmã e** aos **meus irmãos,** pela sua cooperação e encorajamento que me ajudaram a concluir este projeto.

Por último, mas não menos importante, deixo registados os meus sinceros agradecimentos a todas as pessoas respeitáveis e a todo o pessoal não docente que me ajudaram e que não consegui encontrar menção separada. Solicito a sua bênção para prosseguir em todas as etapas da minha vida perfeitamente destinada.

Deepak Kumar Jaiswal
Departamento de Entomologia e Agril.
Zoologia Instituto de Ciências Agrícolas,
Universidade Banaras Hindu, Varanasi-221005

ÍNDICE

5

CAPÍTULO 1

INTRODUÇÃO

O arroz é a semente da planta monocotiledónea conhecida botanicamente como *Oryza sativa*. Como cereal, é o alimento básico mais importante para uma grande parte da população humana mundial, especialmente no Leste, Sul, Sudeste Asiático, Médio Oriente, América Latina e Índias Ocidentais. É o cereal com a segunda maior produção mundial, a seguir ao milho. O arroz é normalmente cultivado como uma planta anual, embora nas zonas tropicais possa sobreviver como uma planta perene e produzir uma cultura de soca até 30 anos. A planta de arroz pode atingir 1-1,8 m de altura, por vezes mais, dependendo da variedade e da fertilidade do solo. A erva tem folhas longas e delgadas com 50-100 cm de comprimento e 2-2,5 cm de largura. As pequenas flores, polinizadas pelo vento, são produzidas numa inflorescência ramificada, arqueada ou pendente, com 30-50 cm de comprimento. A semente comestível é um grão (cariopse) com 5-12 mm de comprimento e 2-3 mm de espessura. O arroz cru pode ser moído em farinha para muitas utilizações, incluindo o fabrico de muitos tipos de bebidas, como amazake, horchata, leite de arroz e saqué. A farinha de arroz não contém glúten e é adequada para pessoas com uma dieta sem glúten.

O arroz é a cultura alimentar cerealífera mais importante da Índia. Ocupa cerca de 23,3% da superfície cultivada bruta do país. Desempenha um papel vital no abastecimento nacional de géneros alimentícios. O arroz contribui para 43% da produção total de géneros alimentícios e 46% da produção total de cereais do país. O arroz é o alimento básico de mais de 60% da população mundial, especialmente para a maioria das pessoas do Sudeste Asiático. Entre os países produtores de arroz do mundo, a Índia tem a maior área cultivada com arroz e ocupa o segundo lugar na produção, a seguir à China.

A produtividade do arroz na Índia é superior à da Tailândia, do Paquistão, do Bangladesh e do Nepal, mas muito inferior à do Japão, da China, da Coreia, dos EUA e da Indonésia. A produtividade média do arroz é de **2130 kg/ha (Inquérito Económico 2010-11),** muito inferior à produtividade média mundial de 2563 kg/ha durante o mesmo ano.

A produtividade do arroz na Índia registou um aumento considerável no passado recente. A produtividade do arroz, que era de 668 kg/ha em 1950-51, atingiu 2130 kg/ha em 2010-11. O aumento da produtividade do arroz é de cerca de 209% e este aumento deve-se à introdução de variedades de arroz de alto rendimento que respondem a doses elevadas de fertilizantes, juntamente com um pacote melhorado de práticas desenvolvidas por cientistas agrícolas para várias regiões. De facto, verifica-se um aumento considerável da produtividade do arroz no país, mas ainda existem certas zonas onde a produtividade do arroz é baixa e muito baixa. A produtividade do arroz nessas zonas varia significativamente de região para região devido a vários factores, como o tipo de solo, a fertilidade do solo, o padrão de precipitação, as inundações, o alagamento, as condições climáticas, etc.

Na Índia, o arroz é cultivado em 44,97 mha numa situação ecológica diversa, com uma produção anual de 99,00 MT/ano, e a produtividade do arroz é seriamente afetada por tensões bióticas e abióticas, causando perdas consideráveis à economia. O stress biótico, como insectos, ácaros, nemátodos, doenças e ervas daninhas, desempenha um papel vital na redução do rendimento do arroz e vários factores abióticos, como temperaturas altas ou baixas, stress de humidade na altura da floração e factores fisiológicos como a fonte nutricional, também reduziram o rendimento do arroz.

Sabe-se que os insectos-praga causam grandes perdas de rendimento em várias culturas, mas nos últimos anos os ácaros estão a emergir como pragas graves em frutos e produtos hortícolas, que eram considerados pragas menores ou secundárias. Os registos anteriores destacavam apenas a natureza dos danos causados pelos ácaros nas culturas de arroz, trigo, ervilha e produtos hortícolas, que infligiam perdas de rendimento até 10-20%. Nos últimos anos, alguns insectos foram encontrados associados aos cereais, especialmente ao arroz, causando grandes perdas de rendimento. Nos últimos anos, o ácaro da panícula do arroz *Steneotarsonemus spinki* está a surgir como uma nova praga.

O arroz, sendo um alimento básico, é ameaçado por duas espécies de ácaros: o ácaro-aranha, *OUgonychus oryzae*, causa danos na folhagem, enquanto o ácaro tarsonemídeo, Steneotarsonemus *spinki*, causa danos na bainha e nos grãos em desenvolvimento. O *Steneotarsonemus spinki* foi registado já em 1978 na Índia e observou-se que este ácaro é uma praga grave em partes de Orissa, Bengala Ocidental e uma praga emergente nas regiões do sul da Índia. Nos últimos anos, este ácaro foi encontrado associado a plantas de arroz nos distritos de Varanasi e Chandauli.

Steneotarsonemus spinki danifica os tecidos parenquimatosos das plantas de arroz e reduz a quantidade de nutrientes para os grãos em desenvolvimento, resultando na redução do peso e do tamanho dos grãos. A continuação da alimentação destes ácaros nas partes reprodutivas da flor do arroz resulta na esterilidade dos grãos, o que leva a uma perda direta de rendimento. Verificou-se que *Steneotarsonemus spinki* e *Tarsonemus cuttacki* causam 15-50% de esterilidade em variedades comuns de arroz (Vijeta e Sambha Mansuri) nos campos de irrigação dos agricultores nos distritos de East e West Godavari de A.P. durante a *Kharif* 2000, 2001 e 2002. Em Orissa e Jharkhand, estes ácaros provocam 3-21% de esterilidade em diferentes variedades de arroz de regadio e também em ecossistemas de sequeiro e de terras baixas.

O ácaro do arroz, *Steneotarsonemus spinki*, é uma praga reconhecida do arroz na zona de cultivo do arroz na Ásia desde 1970. Relatos históricos de danos nas culturas que remontam a 1930 também foram atribuídos a este ácaro. Embora a espécie tenha sido descrita a partir de um espécime colhido no Louisiana em associação com a espécie de fungo ***Sogata orizicola*** Muir (Hemiptera: Delphacidae), não há relatos confirmados desta praga de ácaros infestando o arroz dos EUA e todas as tentativas de recolha do ácaro no Louisiana falharam. Como tal, não se crê que o ácaro ocorra nos EUA.

Durante a última década, o ácaro do arroz estabeleceu-se na região das Caraíbas, incluindo partes da América Central. Foi registado em Cuba em 997 e nos anos seguintes foi encontrado na República Dominicana e no Haiti. As primeiras notificações continentais de *S. Spinki* para a América Central ocorreram em 2003 no Panamá e, desde então, espalhou-se para a Costa Rica (2004), Nicarágua e Guatemala (2005). Em 2005, foi também registada uma população muito baixa de ácaros do arroz na Colômbia, o que constitui o primeiro registo na América do Sul. (Departamento de Agricultura dos Estados Unidos, 14 de março de 2007). Mais recentemente, *S. Spinki* foi recolhido no território continental dos Estados Unidos, no Texas (Departamento de Agricultura do Texas, julho de 2007).

Sabe-se que um certo número de ácaros tarsonemídeos deteriora a qualidade dos grãos em associação com fungos patogénicos, nomeadamente *Sarocladium oryzae, Fusarium moniliforme, Curvularia lunata, Pseudomonas oryzae* ou o nemátodo da ponta branca *Aphelenchoides besseyi*. A germinabilidade, o peso reduzido e o aspeto pouco saudável conduzem a um menor valor de mercado.

A alimentação destes ácaros no/sobre o grão de arroz em desenvolvimento causa grãos mal cheios, deformados e descolorados, que são considerados de má qualidade, com muito pouca ou nenhuma deterioração da qualidade do arroz em termos de grãos mal cheios e descolorados, esterilidade do grão, deformação e desidratação da panícula, que é relatada como sendo de 5-29 % durante a estação húmida, no mês de outubro-novembro, nas variedades como Saket-4, Ratna,

Jeera-32, Sonam, Swama mansuri, Badshah bhog e Pusa Bansmatil.

Estudos recentes em arrozais nos distritos de Chandauli revelaram uma elevada população de *S. Spinki* em diferentes variedades de arroz. Estes ácaros causam esterilidade e descoloração dos grãos quando associados a agentes patogénicos fúngicos. Os sintomas de danos causados por *S. Spinki* são lesões necróticas na bainha das folhas, espigas pouco exercitadas com glumas castanhas a pretas com ovários murchos, esterilidade dos grãos e descoloração dos grãos quando associados a agentes patogénicos fúngicos.

Como os ácaros estão a emergir como uma praga importante nas regiões de cultivo de arroz dos distritos de Chandauli e áreas adjacentes, decidiu-se visualizar o problema da seguinte forma:

(1) Para selecionar as entradas de arroz no distrito de Chandauli para uma possível infestação por ***Steneotarsonemus spinki***.

(2) Confirmar a infestação de ácaros da panícula no arroz através de observação visual no laboratório.

(3) Estimar a percentagem de esterilidade dos grãos de arroz causada por ***Steneotarsonemus spinki.***

CAPÍTULO 2

REVISÃO DA LITERATURA

Nos últimos anos, a esterilidade dos grãos está a tornar-se um problema importante nas zonas de cultivo de arroz da Índia. No distrito de Chandauli, foi relatado que o ácaro *Steneotarsonemus spinki* causa a esterilidade dos grãos e a descoloração da bainha no arroz. A literatura pesquisada sobre *Steneotarsonemus spinki* é resumida da seguinte forma

Ocorrência

Ramaiah (1930) mencionou a esterilidade dos grãos de arroz causada por um pequeno artrópode móvel, que mais tarde foi identificado como *Steneotarsonemus spinki* e também confirmado por Teng (1979).

O ácaro tarsonemídeo, *Steneotarsonemus spinki* Smiley, foi relatado como infestando grãos de arroz em desenvolvimento na fazenda do Instituto Central de Pesquisa do Arroz (CRRI), bem como no campo dos agricultores no estado de Orissa (Rao e Das, 1977, Rao e Prakash, 1984, 1992, Rao *et al.* 1993). O ácaro *S. spinki* também foi relatado como causador de danos consideráveis na descoloração e esterilidade dos grãos de arroz, resultando numa redução considerável da produção em Madagáscar (Gutierrez, 1967) e Taiwan (Lo e Ho, 1979)   .

Entre as 31 espécies de ácaros fitófagos registadas a nível mundial, duas espécies de ácaros tarsonemídeos, *Steneotarsonemus Spinki* Smiley e *Tarsonemus cuttacki* Iswari, são popularmente conhecidas como ácaros da panícula e estão associadas à esterilidade e à deterioração da qualidade dos grãos de arroz (Rao e Prakash 1984, 1985, 1986, 1987, 1990, 1994, 1995, 1996).

Rao *et al.* (2000) relataram que foram observados quatro tipos de sintomas visuais nas plantas afectadas: apenas danos causados por ácaros; ácaro + fungo saprófita; ácaro + fungo saprófita + fungo da podridão da bainha; e ácaro + nemátodo de ponta branca + outros danos causados por fungos saprófitas. O ácaro foi o organismo dominante em todos os casos, tendo sido identificado como *Steneotarsonemus spinki', e* o nemátodo da ponta branca foi identificado como *Aphelenchoides besseyi.* Foram observados sintomas visuais, tais como lesões negras na bainha das folhas, grãos descolorados, grãos completamente ou parcialmente esfarelados e várias deformações. Foram observados sintomas claros de ácaros nas folhas de plantas jovens criadas a partir de sementes infestadas, o que indica que é possível a transmissão do ácaro do tarsonemídeo da semente para a planta.

O ácaro do arroz, *S. spinki* smiley (Acari: Tarsonemidae') foi observado pela primeira vez como uma praga grave da cultura do arroz em Bengala Ocidental. A suscetibilidade e o nível de tolerância de doze cultivares de arroz mais comuns foram avaliados contra o ácaro durante a estação húmida de 2002-2003. Os danos, visíveis na bainha da folha e no grão com manchas acastanhadas, conduzem a um aumento do grão esfarelado e a uma perda de rendimento. Nenhuma das cultivares foi considerada resistente. (Karmakar, 2008)

Miranda Cabrera et *al.* (2003) relataram que a temperatura de 25,5 e 27,5 graus C, e umidade de 83,8-89,5%, promoveram a proliferação desta praga. A maior incidência da praga apareceu quando o nível do predador estava baixo; esses picos foram aumentados nas fases de abertura da inflorescência e da panícula.

O ácaro da panícula do arroz (PRM), *Steneotarsonemus spinki* Smiley, foi registado em 2007 nos Estados Unidos em estufas e/ou culturas de campo de arroz *(Oryza sativa* L.) nos estados do Arkansas, Louisiana, Nova Iorque e Texas. A PRM não tinha sido registada em culturas de arroz nos Estados Unidos desde que o espécime-tipo original foi recolhido no Louisiana em associação com um inseto delfacídeo na década de 1960. A PRM ataca as plantas de arroz, alimentando-se do interior da bainha das folhas e dos grãos em desenvolvimento. Os danos associados às infestações de PRM no arroz incluem esterilidade da planta, infertilidade parcial da panícula e malformação dos grãos. No entanto, é difícil caraterizar os danos causados pelo PRM porque o ácaro é comummente relatado a interagir com vários agentes patogénicos da planta do arroz, incluindo *Sarocladium oryzae* (Sawada) e *Burkholderia glumae* (Kurita e Tabei). O objetivo deste artigo é rever a literatura sobre o PRM em resposta à sua re-descoberta nos Estados Unidos (Hummel *et al.* 2009).

Pela primeira vez, a incidência de ácaros da panícula do arroz, *S. spinki* e *Tarsonemus cuttacki,* foi registada durante a estação *da colheita* de 1999-03 em arroz de agricultores em Uttar Pradesh, Andhra Pradesh, Orissa e Jharkhand. Foi relatada uma correlação positiva entre a variação da população de ácaros por perfilho e a esterilidade principal do arroz nos Estados da Índia, apesar de os grãos infestados de ácaros estarem descoloridos em algumas variedades e de não ter sido isolado qualquer fungo desses grãos, podendo essa descoloração dever-se à reação química das toxinas segregadas por esses ácaros. (Jagadiswari Rao e Anand Prakash, 2003).

As consequências económicas da introdução do ácaro do arroz no Brasil podem ser desastrosas: com uma colheita média de 12,7 TM/ano, futuras perdas de colheita de 30-70% (equivalentes a 3,8-8,9 TM/ano) podem pôr em perigo uma das principais fontes de alimentação de toda a população e prejudicar gravemente a indústria do arroz do país. O controlo de emergência do ácaro (utilizando pesticidas químicos) aumentaria os custos de produção e poderia ter um impacto ambiental indesejável (Navia *et al.,* 2005).

O efeito da incidência de ácaros *(S. Spinki)* no enchimento e na qualidade dos grãos de arroz foi investigado e mantido entre 22°C (durante a noite) e 26°C (durante o dia) num fototonus controlado. As diferenças na altura da planta e no número de panículas não foram demonstradas pelo grau de descoloração da bainha da folha (Kim DeogSu Lee Moonltee Im DaeJoon, 2001).

Anfitrião

A erva daninha dos arrozais, *Schoenoplectus articulates* (Cyperacueae) é considerada um novo hospedeiro do ácaro tarsonemídeo *S. spinki* smiley nos arrozais. (Jagadiswari Rao, Anand Prakash, 2002).

Uma erva daninha, *Cynodon dactylon*, nos arrozais, foi também referida como um hospedeiro alternativo bem sucedido deste ácaro, abrigando os seus ovos, larvas e adultos e permitindo a sua multiplicação durante a época baixa (Rao & Prakash, 1996a).

Rao e Prakash (1995a) e Ghosh *et al* (1999) também referiram os restolhos de arroz e as soqueiras como hospedeiros alternativos favoráveis deste ácaro durante as épocas baixas em estudos intensivos efectuados na exploração CRRI durante 1992-95.

Lo e Ho (1977) observaram apenas adultos deste ácaro ocasionalmente na bainha das folhas de algumas gramíneas nos arrozais, mas não foram observados ovos ou larvas deste ácaro, pelo que estas ervas não foram consideradas hospedeiras favoráveis deste ácaro.

A planta do arroz é o principal hospedeiro de *S.spinki*, no entanto, durante a época baixa, a sua fase dormente/em repouso também foi recolhida em restolhos de arroz e em soqueiras (Gutierrtez 1967, Lo e Ho, 1979a, Chen *et al.* 1979).

Ecologia

O ácaro da bainha, *S. spinki*, e o ácaro da folha, *O. oryzae*, são as duas espécies mais importantes de ácaros que danificam a cultura do arroz. *O S. spinki*, que permanece na bainha da folha por baixo da epiderme, está associado ao fungo da podridão da bainha, *Acrocylindrium oryzae*, e resulta na descoloração do grão, em grãos mal cheios e em grãos ralos. A temperatura óptima para o desenvolvimento e multiplicação de Steneotarsonemus *spinki* é de 25-20°C durante a época de cultivo, *S. spinki* torna-se um agente patogénico muito grave a partir dos 80 DAT (dias após a transplantação) até aos 100-120 DAT, quando se atinge o pico de infestação. Não há fontes conhecidas de alto nível de resistência da planta hospedeira a *S. Spinki*, embora alguns tipos indica tenham exibido menor esterilidade de grãos (Lakshmi, V.J. *et al.*, 2008).

A S. spinki foi registada como uma praga muito nociva do arroz *(Oryza saliva)* pela primeira vez na China em meados da década de setenta. Foi detectado em Cuba no final de 1997.

O objetivo deste trabalho foi determinar o potencial reprodutivo deste ácaro para os diferentes territórios onde se situa a zona de produção de arroz (CAI) em Cuba. Este trabalho foi realizado com base nos resultados da duração do ciclo de vida do ácaro, obtidos (Lo e Ho, 1997).

Disseminação de fungos associados ao ácaro tarsonemídeo. *S. spinki* que infestam o arroz em cinco locais são observados em Cuba. As espécies encontradas incluíam *Hirsutella nodulsa, Sarocaladium oryzae* e espécies pertencentes aos géneros *Penicillium Cladosporium* e *Cephalosporium,* bem como uma espécie fúngica não identificada *Hirsutella nodulosa* parasitando *S. spinki* constitui o primeiro registo de tal associação para Cuba, e provavelmente para todo o mundo. O fungo acaropatogénico *H. nodulosa* causou uma moralidade de tarsonemídeos próxima de 71%. (Cabrera *et aZ.*2005).

De acordo com os resultados experimentais para as condições cubanas, as somas da temperatura efectiva (SET) foram de 62,03 para - 10,03 graus/dia com um número de gerações de A8 a 55 em Havana e Granma, respetivamente. Os ácaros multiplicam-se durante todo o ano, com um máximo de 6 gerações por mês na primavera e menos do que no inverno (Almagual, L. *et al.*, 2005).

Ghosh *et al.* (1998) referem que a menor precipitação e o menor número de horas de sol são as condições mais favoráveis para a multiplicação da população de *S. spinki* nas plantas de arroz.

Durante a época baixa, verificou-se que os ovos e os adultos deste ácaro também permanecem nos restolhos de arroz e na cultura da soca (Rao e Prakash, 1959). Ghosh *et al.* (1998) encontraram uma população deste ácaro mais elevada na soca cultivada em situação de regadio médio e irrigado do que nos campos de sequeiro.

Condições climatéricas nubladas com baixa pluviosidade durante 4-7 dias e coincidindo com a fase de floração, enchimento e descoloração dos grãos devido à infestação deste ácaro juntamente com os fungos patogénicos Bom da semente de arroz (Rao e Prakash 1992, Rao *et al.* 1998).

As variedades perfumadas, como Basmati 370 e Gaurav, foram consideradas mais susceptíveis ao ataque deste ácaro do que as variedades não perfumadas durante a estação húmida, tendo sido registada uma maior população deste ácaro nas variedades irrigadas de média duração, como Ratna, Jaya, IR. 36 e Karuna, etc. do que nas variedades de curta duração como Iteera e Annada (Rao *et al.* 1997).

Durante a fase de grão leitoso, a população de nemátodos diminuiu, mas a população de ácaros aumentou rapidamente, juntamente com a infeção do fungo da podridão da bainha. (Rao *et al.*, 1993, Rao & Prakash, 1995a).

Rao *et al.* (1993) observaram a interação de *S. spinki* com o fungo da podridão da bainha *A. oryzae* e o nemátodo da ponta branca do arroz, *Aphclenchoides besseyi*, durante a estação húmida de 1992, em condições de campo na exploração CRRI de Cuttack, em variedades de arroz Ratna, Jaya,

Basmati 370, Padmini e Krishana.

Ghosh *et al.* (1997a) referiram que *S. Spinki* reduziu consideravelmente o tamanho da panícula, o comprimento do colo da panícula, o peso da panícula juntamente com a infestação do fungo da podridão da bainha e mostrou um grande impacto no desenvolvimento dos grãos de arroz.

Rao e Prakash (1995a) e Rao *et al.* (1996) estudaram intensivamente a ocorrência deste ácaro e a deterioração da qualidade da semente/grão causada por *S. Spinki* durante a estação seca e húmida de 1992-95 em arrozais na costa de Orissa.

Ghosh *et al.* (1997b) encontraram uma população deste ácaro nas plantas de arroz cultivadas ao longo do ano em condições de estufa na quinta CRRI. Mas a população flutuou com o pico mais alto em novembro (586,70-633,30 ácaros/perfilho) e o pico mais baixo em fevereiro (AA,30-52,70 ácaros/perfilho).

Jaing *et al.* (1984) registaram danos consideráveis nas plantas de arroz causados pelo ácaro tarsonemídeo durante 1991-93 nos arrozais da província de Gong-Tong, na China, tendo a sua infestação começado na fase de formação.

Liang (1986) observou que, para além dos grãos estéreis, a torção dos entrenós superiores provocava uma mancha castanha na bainha da folha. O caule e os grãos também foram afectados pelo efeito sinérgico de ambos os bio-agentes *S. spinki* e *A. oryzae*.

Liang (1984) estudou a etiologia da doença da panícula estéril através da inoculação artificial do fungo da podridão da bainha em plantas de arroz isoladamente, *S. spinki* isoladamente e também em combinação de ambos os bio-agentes na fase inicial de perfilhamento e descobriu que os sintomas da doença estéril eram certamente devidos ao efeito sinérgico do fungo e do ácaro.

Liang e Tang (1984) referiram que este ácaro pode ser lavado das plantas doentes e transportado pela chuva.

Liang e Tang (1984) estudaram o desenvolvimento e a reprodução deste ácaro em diferentes combinações de temperatura e humidade relativa (H.R.) e referiram que o desenvolvimento e a reprodução deste ácaro eram grandemente influenciados pela temperatura ambiente.

Lo *et al.* (1984) confirmaram ainda que este ácaro é a principal causa da esterilidade dos grãos de arroz e não o fungo da podridão da bainha. Emmanuel (1981) também referiu que este ácaro se instala na parte dura do arroz e provoca uma considerável esterilidade dos grãos na Grécia.

Chien (1980) estudou a relação entre o fungo da podridão da bainha e *S. spinki* e a esterilidade dos grãos e estabeleceu que o ácaro transportava conídios do fungo e as plantas infestadas apenas com o ácaro.

Lo e Ho (1979a) referiram que, nos arrozais de Taiwan, os ácaros danificam a superfície interna da bainha das folhas, as folhas e o colo da panícula através dos orifícios de emergência do funil das plantas, dos orifícios de perfuração das brocas do caule e das fissuras causadas por doenças e feridas mecânicas.

Lo e HO (1979b) relataram que os ácaros foram considerados a principal causa da esterilidade da cabeça vazia ou dos grãos; no entanto, a redução do comprimento do colo da panícula foi negativamente correlacionada com o número de ácaros/colmo e a esterilidade dos grãos.

Chen *et al.* (1979) verificaram que este ácaro é mais sensível à humidade e a sua taxa de mortalidade aumentou quando a temperatura aumentou de 25°C-32° e a H.R. foi reduzida para menos de 80%. A densidade elevada de plantas também é um outro fator favorável importante para a formação de uma população elevada (Lo e Ho, 1979a, Fang, 1980b).

Fang (1980b) também relatou que a planta estéril devido à infestação de *S.spinki* mostrou os sintomas do pescoço da panícula curvado, bainha da folha bandeira solta e bainha da folha e grãos castanhos e descoloridos.

Chein e Huang (1979) referiram que *S. spinki* causava danos às plantas de arroz em geral quando aparecia juntamente com o fungo da podridão da bainha e que as variedades Japonica eram mais susceptíveis aos ataques deste ácaro do que as variedades Indica, o que foi mais tarde confirmado pelos resultados de Fang (1980a).

Lo e Ho (1977) referiram que uma maior população de ácaros na bainha da folha provoca uma maior esterilidade dos grãos e um menor peso dos grãos.

Ou, (1976) referiu que a ocorrência esporádica de cabeças vazias associada a este ácaro e ao fungo da podridão da bainha. *O Acrocylindrium cryzae* deveu-se provavelmente à utilização frequente de compostos orgânicos de arsénio, devido ao elevado teor de arsénio nos solos dos arrozais.

Gutierrez (1967) relatou que a população de fêmeas de *S. spinki* era muito maior do que a de machos no mês de janeiro e que a população de machos desaparecia completamente em julho no clima de Madagáscar, nos campos de arroz.

O seu desenvolvimento foi relatado como sendo mais rápido a 90-95% de H.R. e, nas variedades locais de arroz, as glumas albergavam grandes colónias deste ácaro, que se encontravam frequentemente infectadas pelo fungo *Cephalosporium Spp.* da podridão da bainha do arroz.

Gutierrez (1967) relatou a malformação em espiral de panículas de arroz e o desenvolvimento de grãos danificados nos arrozais de um agricultor em Madagáscar.

Interação entre o ácaro do tarsonemídeo, o nemátodo da ponta branca e o fungo da podridão da bainha

Rao e Prakash (1996b) estudaram a interação entre Steneotarsonemus spinki e dois fungos patogénicos do arroz, nomeadamente *A oryzae* e *Curvularia lunata*, e verificaram que a deterioração da qualidade do grão em termos de grãos mal cheios e descolorados aumentava consideravelmente quando ambos os parasitas eram inoculados coletivamente em plantas de arroz em vaso.

Os sintomas associados à infestação de plantas de arroz por *S. spinki* incluem o "síndroma do grão estéril", descrito por Chen *et al.* (1979) como "bainha da folha bandeira solta e acastanhada, pescoço da panícula torcido, desenvolvimento deficiente do grão, resultando em grãos vazios ou parcialmente cheios com manchas castanhas doentes e panículas erectas". Na Índia, os grãos infestados com *S. spinki* foram descritos como estando descoloridos e foram isolados fungos e bactérias patogénicos de plantas infestadas com S. spinki (Rao e Prakash, 2003).

Estes fungos e bactérias incluíam *Altemaria padwickii* (Ganguly), Burkholderia (Pseudomonas) glumae (Kurita & Tabei), *Curvularia lunata [Cochliobolus lunatus* R.R. Nelson & Haasis], *Fusarium graminearum* [Gibberella zeae (Schwein)], e *Fusarium moniliforme* J. Sheld (Rao e Prakash, 2003).

Rao e Prakash (2003) também encontraram *S. spinki* em plantas das quais não foram isolados agentes patogénicos, tendo concluído que a descoloração dos grãos poderia ser causada por uma reação química à saliva tóxica de *S. spinki*. Chen *et al.* (1979) verificaram que *S. spinki* transportava esporos de *Acrocylindrium oryzae* Sawada (atualmente *S. oryzae)* no seu corpo e atribuíram os sintomas da planta a uma combinação de danos e doença causados *por S. spinki.* Em Cuba, *S. oryzae* foi isolado de 70% de *S. spinki* transferidos para ágar Sabouraud glucose, apoiando ainda mais a hipótese de que *S. spinki* é um vetor importante deste fungo fitoparasita. Foi relatado que os ácaros tarsonemídeos transportam esporos de fungos patogénicos em esporotecas no seu corpo (Moser, 1985; Blackwell *etal.,* 1986).

Tabela-2.1: Doenças da planta do arroz que têm sido associadas a infestações de *Steneotarsonemus spinki* em todo o mundo.

Pathogens	Disease	Country	References
Alternaria padwickii (Ganguly)	Stackburn disease	India	Rao and Prakash (2003)
Burkholderia (Pseudomonas) glumae (Kurita & Tabei)	Bacterial Panicle Blight	India	Rao and Prakash (2003)
Curvularia lunata	General fungus – black kernel,	India	Rao and Prakash (2003)
Fusarium graminearum	Pecky rice, kernel spotting	India	Rao and Prakash (2003)
Fusarium moniliforme J. Sheld.	Pecky rice, kernel spotting	India	Rao and Prakash (2003)
Pyricularia oryzae Cavara	Blast	Cuba	Almaguel *et al.* (2003)
Rhizoctonia (spp.)	Sheath blight	Cuba	Almaguel *et al.* (2003)
Rhynchosporium	Leaf scald	Cuba	Almaguel *et al.* (2003)
Sarocladium (Acrocyilindrium) oryzae	Sheath rot, also causes pecky rice	China, Cuba, India, Costa Rica,	Rao *et al.*, 1993, Hsieh *et al.* (1977),
Spiroplasma citri	Rice yellow dwarf	Taiwan	Chow *et al.* (1980)

Impacto dos acaricidas e insecticidas e dos reguladores de crescimento das plantas:

Bhanu, K.V. *et al.* (2006) referiram que a eficácia de Profenofos 50EC (500g a. i./ha), Ethion 50EC (500g a.i./ha), Propargite 57EC (570g ai/ha), Spiromecifen 240SC (72g ai/ha e Dicofol 18.5 EC (500g ai/ha) contra o ácaro da folha *Oligonychus oryzae* e o ácaro da bainha, *Steneotarsonemus spinki* no arroz foi avaliado em Maruteru, Andhra Pradesh, Índia, durante a *kharif* de 2003 e 2004 aos 30 DAT contra o ácaro da folha e aos 65-80 DAT contra o ácaro da bainha. Em 2004, Dicofol 18,5EC, Ethion 50EC, Propargite 57EC e Profenofos 50EC resultaram no menor número de ácaros da bainha (1 0,3,11,3,14,0 e 17,5/10 espiguetas).

Treze pesticidas foram avaliados quanto à sua bioeficácia contra *Steneotarsonemus spinki* em condições de estufa durante a estação *kharif* de 2002 e a estação *rabi* de 2003. O Profenofos foi o melhor pesticida, não registando qualquer população de ácaros vivos em ambas as estações. Tratamentos como o Acefato, o BPMC (fenobucarbe), o Dimetuato, o Insulf (sulfureto), o Cartap e o Dicofol não proporcionaram um controlo absoluto, mas reduziram significativamente a população de ácaros em relação ao controlo não tratado (Rao, Jagadiswari e Prakash, Anand, 2006).

Foi realizado um estudo para avaliar o efeito da aplicação de fertilizantes foliares sobre as populações de *Steneotarsonemus spinki* presentes em duas cultivares comerciais de arroz, Perta de Cuba e J-104. Foram efectuadas várias observações sobre a fase reprodutiva das culturas de arroz durante o verão de 2000. A população de ácaros da panícula do arroz foi diferenciada para cada uma delas. Botta Ferret *et al.* (2008).

Danos *causados por S spinki* às plantas e associação com doenças das plantas:

Embora milhões de dólares de perdas de culturas tenham sido atribuídos a infestações de *S. spinki* em todo o mundo, é possível que estes danos sejam causados principalmente por agentes patogénicos que se encontram em associação com *S. spinki*. Os agentes patogénicos que foram encontrados em conjunto com S. spinki incluem bactérias, fungos, espiroplasma e partículas semelhantes a vírus (Hsieh *et al.*, 1977; Chow *et al.*, 1980; Shikata *et al.*, 1984; Rao *et al.*, 1993; Almaguel *et al.*, 2003; Rao e Prakash, 2003; Sanabria e Aguilar, 2005).

CAPÍTULO 3

MATERIAL E MÉTODOS

Foi realizado um estudo intensivo durante a época *da colheita* de 2011 no distrito de Chandauli sobre a infestação de ácaros nas culturas de arroz. Os perfilhos de arroz foram devidamente desenraizados e recolhidos em aldeias adjacentes do distrito de Chandauli para estudar a infestação de ácaros em diferentes entradas de arroz e a percentagem de esterilidade do grão, grãos descoloridos e grãos esfarelados causados pelo ácaro da panícula, *Steneotarsonemus spinki.*

As bainhas de arroz recolhidas diretamente dos arrozais foram levadas para o laboratório de acarologia do departamento. Com a ajuda de uma tesoura, cortaram-se as bainhas/talos de arroz em pedaços pequenos, com cerca de 1 cm, numa placa de Petri com água. Os pequenos pedaços de bainha foram colocados, um a um, sob o microscópio estereoscópico e a camada de bainha de arroz foi aberta e esticada com a ajuda de uma pinça, tendo sido contados visualmente os ácaros na bainha de arroz e registada a população de ácaros da panícula por bainha/tilheiro.

$$\text{Percentagem de esterilidade dos grãos} = \frac{\textit{Número de grãos estéreis/grãos crocantes/panícula}}{\textit{Total de grãos na panícula}} \times 100$$

Foram registadas três repetições de cada entrada para a população de ácaros e para a esterilidade dos grãos por perfilho/folheto, grãos esfarelados e grãos descoloridos.

Danos

Os danos causados pelo *Stenotarsonemus spinki* são observados como se segue:

a) Panícula de arroz malformada/torcida/curvada em espiral com o comprimento do colo reduzido.

b) Grãos danificados e mal cheios devido à alimentação destes ácaros e também grãos descolorados, geralmente devido a infecções secundárias de fungos ou bactérias patogénicos através das lesões causadas pelos ácaros na alimentação dos grãos em desenvolvimento.

c) Grãos estéreis/cariados por alimentação destes ácaros nas partes reprodutivas das flores, especialmente no estigma do ovário, antes e logo após a fertilização.

d) A alimentação destes ácaros nos tecidos condutores da folha e da bainha da folha do arroz também reduziu a translocação do material alimentar para os grãos em desenvolvimento, reduzindo assim o peso/rendimento do grão.

Categorização dos grãos: Para categorizar os diferentes tipos de grãos descoloridos causados pelo ácaro da panícula e por outras fontes, os grãos de cada repetição de diferentes variedades foram espalhados no tabuleiro de análise de grãos separadamente e os grãos foram categorizados em grãos normais e saudáveis e grãos desordenados com base nos seguintes sintomas:

A. Grãos normais:

a. Grãos de bagaço:

Os grãos completamente cheios foram mantidos na categoria a negrito.

B. Grãos anormais:

a) **Grãos parcialmente chochos:** Os grãos parcialmente cheios e limpos, sem qualquer mancha, foram incluídos na categoria de grãos parcialmente chochos.

b) **Grãos friáveis fisiológicos:** Nesta categoria, foram selecionados os grãos de milho completamente claros e sem manchas.

c) **Grãos de palha castanhos:** Os grãos de palha castanhos, observados visualmente, foram incluídos nesta categoria.

d) **Grãos fúngicos e gretados:** Os grãos que estavam infestados de fungos (vermelhos e pretos) no ponto vulnerável de infeção onde as glumas dos grãos se encontram foram observados e mantidos nesta categoria.

e) **Grãos de arroz danificados pelo inseto Gandhi:** Trata-se de grãos acastanhados com uma mancha redonda acastanhada que aparece no grão perfurado pelo inseto.

Computação de dados

Para avaliar a importância da infestação de ácaros na percentagem de esterilidade do grão, foram registados dados de diferentes entradas de arroz para a população de ácaros por perfilho e esterilidade do grão e analisados estatisticamente através da adoção de coeficientes de correlação simples (r).

$$r = \frac{\sum xy - \left(\sum x . \sum y\right)/N}{\sqrt{\sum x^2 - \left(\sum x\right)^2/N . \sum y^2 - \left(\sum y\right)^2/N}}$$

Onde,

Σxy= soma dos produtos correspondentes dos valores de 'x' e 'y'.

Σx = soma dos valores de 'x'.

Σx^2 = soma dos quadrados dos valores de 'x'.

Σy = soma dos valores "y".

Σy^2 = soma dos quadrados dos valores "y".

N = Número de observações

Para testar a significância do coeficiente de correlação simples, foi aplicado o teste "t", que se expressa da seguinte forma

$$t = \frac{|r|}{\sqrt{1-r^2}} \times \sqrt{n-2}$$

Onde,

r = coeficiente de correlação simples.

n = n.º de observações.

Se o valor 't' cal > valor 't' tab, é significativo.

CAPÍTULO 4

RESULTADOS EXPERIMENTAIS

Os resultados da presente investigação, efectuada para estudar a infestação de *Steneotarsonemus spinki* Smiley em diferentes variedades de arroz e a percentagem de esterilidade dos grãos causada pelo ácaro da panícula, são apresentados na rubrica seguinte.

(1)	Estudo de variedades de arroz *para a* infestação de *Steneotarsonemus spinki*.

(2)	População de ácaros por perfilho e extensão da esterilidade dos grãos causada pelo ácaro da panícula em diferentes variedades de arroz.

(1)	**Estudo de variedades de arroz para a infestação de *Steneotarsonemus spinki*.**

Foi realizado um inquérito durante a época *da colheita* (outubro-dezembro) de 2011 no distrito de Chaundauli para detetar uma possível infestação de ácaros da panícula. Durante o inquérito, verificou-se que a distribuição da população de ácaros não era uniforme em todas as entradas ou variedades e que, no mesmo local, a população de ácaros variava entre diferentes entradas. A população de ácaros atingiu o seu pico durante a fase de enchimento do grão, no início da emergência da panícula do arroz, sendo a maior parte das panículas saudáveis e diminuindo gradualmente durante a fase de maturação.

A população de ácaros estava mais concentrada perto da base do perfilho durante a fase de maturação e causou a esterilidade do grão e a podridão da bainha na planta de arroz, não tendo sido observados ácaros na fase de maturação da panícula. O ácaro da panícula *S. spinki* encontra-se sobretudo na bainha da planta e a reprodução também tem lugar na bainha do arroz, sendo a população de ácaros fêmeas sempre superior à população de ácaros machos.

Para além deste ácaro, outras pragas foram o percevejo do arroz, larvas da broca amarela do caule, tripes, ácaro da folha do arroz, *Oliginychus oryzae e* algumas espécies de ácaros predadores também foram encontrados na planta do arroz.

Tabela-4.1: População de ácaros por perfilho e percentagem de esterilidade de grãos por perfilho por *Steneotarsonemus spinki* Smiley em diferentes variedades de arroz.

S.No.	Entries (varieties)	Mean mite per sheath	Percentage grain sterility per sheath	r
COARSE VARIETIES				
1	Sonam	13.00	11.50	0.8500**
2	Jaya	17.28	22.65	0.7540**
3	Swarna mansuri	40.56	18.32	0.5850
4	Sarju - 52	14.00	15.78	0.6500*
5	Saket - 4	6.85	7.20	0.5460
FINE VARIETIES				
1	Pusa basmati - 1	52.80	36.48	0.7650**
2	Jeerabati	29.65	29.36	0.9250**
3	Badshah bhog	27.14	32.58	0.8650**
4	Sugandha basmati	20.00	24.15	0.4580
5	Rajrani	38.96	35.37	0.8040**

* Significativo ao nível de 5%

** Significativo ao nível de 1%

(2)   População de ácaros por perfilho e percentagem de esterilidade do grão por perfilho/folha por *Steneotarsonemus spinki* Smiley em diferentes variedades de arroz

O quadro 1 mostra a correlação entre a infestação de *Steneotarsonemus spinki* (média de ácaros por bainha) e a percentagem de esterilidade dos grãos em diferentes entradas ou variedades de arroz, como Sonam, Jaya, Jeerabati, Badshah bhog e Rajrani, que apresentaram uma associação positiva e significativa (correlação positiva), o que significa que, com o aumento da população de ácaros, a esterilidade dos grãos também aumenta.

A Tabela-1 mostra a maior população de ácaros de 52,80 ácaros por perfilho em Pusa Bansmatil e foi considerada altamente significativa, o que significa que com o aumento da população de ácaros, a esterilidade dos grãos também aumenta rapidamente.

O quadro 1 mostra que variedades como Swama mansuri, Saket - 4 e Sugandha basmati apresentaram uma associação negativa e não significativa (correlação negativa), o que significa que, com o aumento da população de ácaros, a esterilidade dos grãos não aumenta dessa forma.

O quadro 1 mostra que a variedade Sarju - 52 apresentou uma correlação positiva e significativa a um nível de 5%, o que significa que, com o aumento da população de ácaros, a esterilidade dos grãos também aumenta.

CAPÍTULO 5

DISCUSSÃO

O registo da infestação de ácaros no arrozal do Uttar Pradesh é muito escasso, pelo que ninguém registou devidamente a infestação de ácaros no arrozal do Uttar Pradesh. Devido à expansão da cultura do arroz no Uttar Pradesh, a introdução/infestação de novas pragas, que anteriormente não eram registadas, está a tornar-se uma praga grave. Por conseguinte, o presente inquérito põe em evidência a infestação de ácaros da panícula nas diferentes variedades de arroz em casca no distrito de Chandauli e nas suas imediações. Os resultados obtidos sobre o ácaro da panícula são discutidos em seguida: A população de ácaros era dominante durante a fase leitosa do grão, mas era comparativamente baixa ou negligenciável durante a fase de maturação das culturas. Os tecidos tenros e macios e a disponibilidade de nutrientes durante a fase leitosa podem ter favorecido o aumento da população de ácaros. O ácaro do arroz, *S. spinki* (Acari: Tarsonemidae'), foi observado pela primeira vez como uma praga grave da cultura do arroz em Bengala Ocidental. A suscetibilidade e o nível de tolerância de doze cultivares de arroz mais comuns foram avaliados contra o ácaro durante a estação húmida de 2002-2003. Os danos, visíveis na bainha da folha e no grão com manchas acastanhadas, conduzem a um aumento do grão esfarelado e a uma perda de rendimento. Nenhuma das cultivares foi considerada resistente (Krishna Karmakar, 2008)

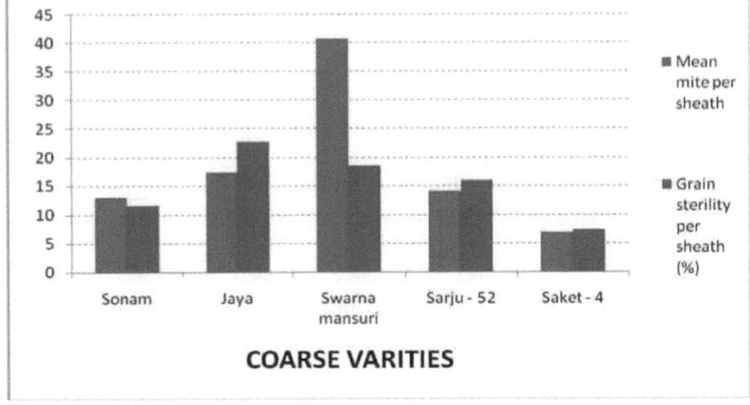

Fig. 5.1: População de ácaros por bainha e percentagem de esterilidade de grãos por bainha por *Steneotarsonemus spinki em* variedades grosseiras de arroz.

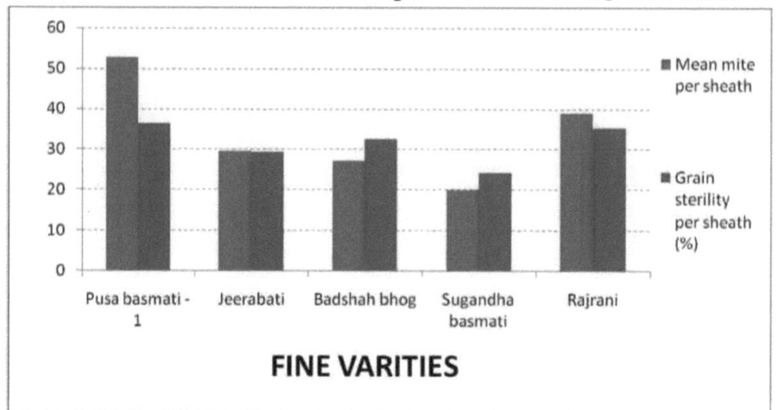

Fig. 5.2: População de ácaros por bainha e percentagem de esterilidade de grãos por bainha por *Steneotarsonemus spinki* em variedades finas de arroz.

O gráfico acima mostra que algumas variedades perfumadas e de sementes finas como Pusa Bansmati 1, Sugandha Bansmati, Jeerabatti, Badshabog e Rajrani são seriamente infestadas pelo ácaro da panícula e apresentam a maior média de população de ácaros por bainha (52,80 ácaros por bainha) e a maior percentagem de esterilidade de grãos por bainha (36.48% por bainha) e, por outro lado, o gráfico mostrou que as variedades de sementes arrojadas como Saijoo 52, Jaya, Sonam e Saket - 4 não são seriamente infestadas pelo ácaro da panícula e têm a menor população média de ácaros (6,85 ácaros por bainha) e a menor esterilidade de grãos por bainha (7,20% por bainha).

Os resultados mostraram que as entradas como Badshabog, Pusa Bansmatil, Rajrani e todas as outras variedades estudadas apresentaram uma correlação positiva entre a população de ácaros e a esterilidade dos grãos, o que indica uma influência direta dos ácaros na esterilidade dos grãos. A variedade de média duração Swama mansuri, Saket - 4 e a variedade de longa duração Sugandha basmati mostraram uma correlação positiva entre a infestação de ácaros e a esterilidade do grão, que não é significativa, pois se a população de ácaros aumentar, a esterilidade do grão não aumenta da mesma forma. A longa duração da cultura pode ter coincidido com condições climatéricas favoráveis ao

32

aumento da população de ácaros e, consequentemente, ao aumento da percentagem de esterilidade dos grãos de arroz. A infestação grave de ácaros da panícula é observada nos meses de novembro e dezembro, durante a fase de grão leitoso da planta de arroz.

Rao *et al.* 1993; Rao e Prakash, 1995 registaram um aumento da população de ácaros durante a fase de grão leitoso.

Ghosh (1997) relatou a flutuação da população de *S. spinki* em condições de estufa ao longo do ano e durante a estação húmida em condições de campo e registou a população mais elevada deste ácaro no mês de novembro.

Rao *et al.* 1997 relataram que a população de ácaros da panícula foi registada mais nas variedades irrigadas de média duração como Ratna, Jaya, IR-36 e Kasura, etc. do que nas variedades de curta duração como Heera e Ananda.

Embora a população de ácaros tenha sido registada como elevada em Pusa Bansmatil e tenha sido considerada significativa, se a população de ácaros aumentar, a esterilidade do grão também aumenta. Neste caso, a esterilidade do grão pode ter sido devida a uma longa duração, a condições climáticas desfavoráveis ou à influência de práticas agronómicas como a sementeira tardia ou a influência de bio-agentes como tripes, insectos gandhi do arroz e larvas da broca amarela do caule, incluindo ácaros da panícula, que aumentam a esterilidade do grão na cultura do arroz.

Ghosh *et a/.* (1998) verificaram que a população de ácaros da panícula era maior em soqueiras cultivadas em condições de regadio médio e irrigado do que em campos de sequeiro.

Rao *et al.* (1997) referiram que as variedades perfumadas como Bansmati-370 e Gaurav eram mais susceptíveis ao ataque deste ácaro do que as variedades não perfumadas durante a estação húmida.

Verificou-se que uma densidade elevada de plantas é um fator favorável importante para a formação de uma população elevada (Lo e Ho, 1997a, Fang 1980b).

Não é essencial que, com o aumento da população de ácaros, a esterilidade dos grãos também aumente. Embora tenham sido registados ácaros nestas entradas, a extensão da esterilidade do grão pode ter sido influenciada por factores bióticos e abióticos. A curta duração da cultura pode não ter sido um fator favorável ao desenvolvimento da população de ácaros. A reprodução e o crescimento dos ácaros foram prejudicados por diferentes combinações de temperatura e humidade relativa.

As interações dos ácaros com outras pragas, tais como fungos, tripes, insectos gandhi e larvas da broca amarela do caule, influenciaram a extensão da percentagem de esterilidade dos grãos na cultura do arroz.

Rao e Prakash (1998) referiram que as condições meteorológicas nubladas com temperaturas baixas durante 4-7 dias e coincidindo com a fase de floração das plantas de arroz causavam um maior número de grãos mal cheios e descolorados devido a este ácaro, juntamente com fungos patogénicos da bomba de sementes de arroz.

A população de ácaros varia de acordo com as diferentes fases de crescimento da planta de arroz e com a temperatura. Verifica-se também que uma boa duração do sol, sem precipitação, favorece as populações de ácaros nalguns dias. Os factores abióticos, como a precipitação, afectam a dinâmica populacional dos ácaros da panícula.

Ghosh *et al.* (1998) referiram que a menor precipitação e o menor número de horas de sol eram a combinação mais favorável para a multiplicação da população de ácaros da panícula na planta do arroz.

Finalmente, o resultado do estudo descreveu que a população de ácaros da panícula. *Steneotarsonemus spinki*, a população, o crescimento e a reprodução, bem como a infestação da cultura do arroz, coincidem diretamente com a fase de enchimento do grão das panículas de arroz, e a população e a reprodução do ácaro diminuem com a maturidade das panículas de arroz.

CAPÍTULO 6

RESUMO E CONCLUSÃO

O arroz é a cultura de base mais importante da Índia e do mundo. Na Índia, o arroz é cultivado em **41,80 mha (Inquérito Económico 2010-11)** numa situação ecológica diversa, com uma produção anual de **89,10 MT/ano (Inquérito Económico 2010-11)** e uma produtividade de **2130 kg/ha (Inquérito Económico 2010-11)** gravemente afetada por tensões bióticas e abióticas, causando perdas consideráveis à economia. O stress biótico, como insectos, ácaros, nemátodos, doenças e ervas daninhas, desempenha um papel vital na redução do rendimento do arroz e vários factores abióticos, como temperaturas altas ou baixas, stress de humidade na altura da floração e factores fisiológicos como a fonte nutricional, também reduziram o rendimento do arroz. O ácaro da panícula é uma praga emergente da cultura do arroz e desempenha um papel importante na deterioração do rendimento e da qualidade dos grãos de arroz nos Estados produtores de arroz da Índia.

A população foi mais elevada na fase de arranque e diminuiu ainda mais com a maturidade da cultura. A baixa pluviosidade e a maior exposição solar foram favoráveis à multiplicação dos ácaros em condições de campo.

A baixa pluviosidade e a alta humidade influenciaram a ocorrência deste ácaro, enquanto a temperatura mostrou uma correlação negativa com a população do ácaro. A população do ácaro atingiu o pico no estádio de grão leitoso, perturbando assim o desenvolvimento dos grãos...

Foi realizado um inquérito no distrito de Chandauli, na estação *Kharif* de 2011, nos meses de outubro, novembro e dezembro, para determinar a possível infestação de ácaros da panícula em diferentes variedades de arroz, como Jeerabatti, Badshahbog, Sugandha Basmati, Rajrani, Pusa Basmati 1, Saket-4,

Sarjoo52, Swama Mansuri, Jaya e Sonam.

Diferentes variedades foram monitorizadas quanto à infestação da panícula e foi estudada a extensão da percentagem de esterilidade dos grãos causada pelo *Steneotarsonemusspinki*. Os dados gerados pelo estudo sobre a esterilidade dos grãos causada pelo ácaro da panícula estão resumidos a seguir:

> Nenhuma variedade de arroz foi considerada imune à infestação por *Steneotarsonemus spinki*.

> A população de ácaros foi registada como elevada em ambas as variedades grosseiras e finas: Badshahbhog Pusa Bansmati-1, Sonam, Jaya e Rajrani e mostrou uma correlação positiva com a população de ácaros e a esterilidade dos grãos.

> Verificou-se uma correlação positiva entre a população de ácaros e a percentagem de esterilidade dos grãos em todas as variedades de duração média e em todas as variedades de duração longa que foram estudadas no presente estudo.

> A população de ácaros e a percentagem de esterilidade de grãos mais baixas foram registadas nas variedades de sementes arrojadas, como Swama Mansuri e Saket - 4.

> A esterilidade e a penugem dos grãos nem sempre são causadas pelo ácaro da panícula, mas, por vezes, são causadas por outros insectos, como o percevejo do arroz e os tripes.

> A descoloração e o apodrecimento da bainha do arroz não são sempre causados pela panícula
ácaro, mas, por vezes, é causada pelo fungo da podridão da bainha e pelas larvas da broca amarela do caule.

> A população de ácaros e a gravidade da infestação coincidem diretamente

com a precipitação e a duração da luz solar do dia

Embora a população de ácaros tenha sido registada em todas as entradas de arroz, a extensão da esterilidade dos grãos foi influenciada por factores bióticos e abióticos. Os factores bióticos, tais como tripes, o percevejo do arroz e as larvas da broca amarela do caule, desempenharam um papel importante no aumento da esterilidade dos grãos, juntamente com o ácaro da panícula.

A extensão da população de larvas de tripes/insectos gandhi/borracha amarela do caule influenciou o grau de esterilidade do grão e a descoloração da bainha do arroz no campo. Os factores abióticos, como a temperatura ambiente, a humidade relativa e a precipitação durante a fase de panícula da cultura do arroz, influenciaram a dinâmica da população de *Steneotarsonemus spinki*.

O pico da população de ácaros da panícula e a infestação grave das panículas de arroz registam-se no mês de novembro-janeiro na região de Chandauli devido a condições meteorológicas nubladas com baixa pluviosidade durante 4-7 dias e coincidindo com a fase de floração cheia e descoloração dos grãos devido à infestação deste ácaro.

Para além dos stresses abióticos e bióticos, a constituição genética da variedade da planta pode ter desempenhado um papel significativo na regulação da acumulação da população de ácaros.

A informação disponível sobre a interação do ácaro da panícula com outros agentes bióticos é muito escassa. É necessário fazer muita investigação para explorar os inimigos naturais, como os ácaros predadores, que regulam a população de ácaros.

CAPÍTULO 7

REFERÊNCIAS

Almaguel, L., Torre, P.E. de la Caceres 1., 2004. Calores efectivos e potencial reprodutivo do ácaro do tarsonemídeo do arroz *(Steneotasonemus spinki* Smiley) em Cuba. *Fitosanidad,* 8(l):37-40.

Bhanu, K.V., Reddy, P.S., e Zaheruddeen, S.M., 2006. Avaliação de alguns acaricidas contra o ácaro da folha e o ácaro da bainha. *Inem. J. Plan. Prot.* 34(1): 132133.

Botta Ferret, E., Almaguel Rojas, Franco Dominguez, L, I., Diaz Finale Y., 2008. Avaliação de vários reguladores de crescimento vegetal em populações de *Steneotarsonemus spinki* Smiley em duas variedades comerciais de arroz. *Fitosanidad* **12**(2): 109-116.

Cabrera, R.I., Garcia, A., Otera-Colina, e Almaguel, G., 2005. *Hirsutella nodulosa* uma espécie de fungo associada ao ácaro tarsonemídeo do arroz, *Steneotarsonemus spinki* (Acari: Tarsonemidae) em Cuba, *Folia Entomolo. Mexica.* 44(2): 115-121.

Chen,C.N.,Cheng,   C.C., e Hsiao, K.C., 1979. Bionómica de *Steneotarsonemus spinki* Smiley atacando plantas de arroz em Taiwan. *Recent Advances in Acarology, Academic Press,* New York, U. S. A., 1:111-117.

Chien, C.C. 1980. Estudos sobre as doenças da podridão da bainha e a sua relação com a esterilidade das plantas de arroz. *Plant prot. Bull, 22(l):31-39.*

Chien, C.C. e Huang C.H. 1979. A relação entre o fungo da podridão da bainha e a esterilidade das plantas de arroz *J. Agric. Res.* China. **28**(5):7-16.

Emmanouel,H.G. 1981. Uma nova espécie de ácaro da família Tarsonemidae

(Prostigmata), praga do trigo na Grécia. *Intern. J. Acarol.* 7:179-182.

Fang H.C., 1980a. Estudos etiológicos sobre a esterilidade da planta de arroz e seu controlo. *Plant protec. Bull.* 22(l):83-89.

Fang H.C., 1980b. Estudos sobre a ocorrência do ácaro do tarsonemídeo do arroz. *Steneotarsonemus spinki* em relação a factores meteorológicos e ao seu controlo. *Res. Bull. Taiwan.* **14:** 39-49.

Ghosh, S.K., Prakash, A. e Rao , Jagadiswari 1998. Eficácia de alguns pesticidas químicos contra o ácaro do tarsonemídeo do arroz. *Steneotarsonemus spinki* Smiley (Acari: Tarsonemidae) em *condições* controladas.*Environ. and Ecol.16* :913-915.

Ghosh, S.K., Rao Jagadiswari e Prakash, A., 1999. Inibição fora de época dos ácaros tarsonemídeos do arroz, *Steneotarsonemus spinki* Smiley e *Tarsonemus cuttacki Iswari* (Acari : Tarsonemidae) em ecossistemas de arroz. *Annal. Pl. Propt. Sci7* :125-130.

Ghosh, S.K., Rao Jagadiswari e Prakash, A. 1997b. Population fluctuation of rice tarsonemid mite, *Steneotarsonemus spinki* Smiley (Acari : Tarsonemidae) in Rice ecosystems. *Entomon* **22(2):** 105-109.

Ghosh, S.K., Rao Jagadiswari e Prakash, A., 1997a. Effect of rice tarsonemid mite, *Steneotarsonemus spinki* Smiley (Acari: Tarsonemidae) on growth of rice plant in the Rice ecosystem . *J. Appl. Zool. Res.* **2:123** 124.

Gutierrez, J., 1967. *Steneotarsonemus spinki* n.sp agent d'une deformation des panicles de riz a Madagascar (Acarina : Tarsonemidae)5wZ7. *Ent. Soc. France* 72(32):29-30.

Hsieh e Chao-yen 1977b. Ocorrência do ácaro do tarsonemídeo do arroz no IRRI. *Intren. Rice Res. Newsl.* (2)5:17.

Hsieh e Chao-yen, 1977a. Cabeça vazia - Um grave problema do arroz em

Taiwan. *Intern. Rice Res. Newsl.* 2(1):5.

Hummel, N. A., Castro, B. A., McDonald, E. M., Pellerano, M. A., Ochoa, R.,
2OO9.The panicle rice mite, *Steneotarsonemus spinki* Smiley, a rediscovered pest of rice in the United States. *Crop Protection* **28** (7): 547- 560.

Jiang, P.Z., Xie, X.J., Chen, W.X., Cao, S.Y., e Liang. Z. H., 1994.
Regularidade da incidência de *Steneotarsonemus spinki* e seu controlo. *Guaigdong Agric. Sci.* 5:37-59.

Kim DeogSu Lee MoonHee Im DaeJoon 2001. Efeito dos ácaros na qualidade do enchimento do grão do arroz. *Korean J. of Crop Sci.* 46(3): 180-183.

Krishna, K., 2008. *Steneotarsonemus spinki* **Smiley** (Acari: Tarsonemidae)- Um ácaro redutor do rendimento do arroz em Bengala Ocidental, Índia. *Intern. J. Acarol.* **34(1):** 95-99.

Lakshmi, V.J., Krishna, N.V., Pasalu,l.C., e Katti, G. 2008. Bio-ecologia e gestão do ácaro do arroz. *Agric. Reviews* **29(1):**31-39.

Liang, W.J., 1986. Etiologia da síndrome dos grãos estéreis do arroz. *Bull. National Pingstung Instt. Agric.* 27:50-59.

Liang, W.J., e Tang, L.C., 1984. Desenvolvimento, reprodução e transmissão do ácaro do tarsonemídeo do arroz. *Steneotarsonemus spinki* Smiley. *Taiwan Agric. Res. Instt. Special Publ.* 16:22-24.

Lo, K.C., Chien, C.C. e H.O., C.C. 1984. Estudos sobre a causa da cabeça vazia do arroz em Taiwan. *J. Agric. Res.* 28(3): 193-197.

Lo, K.C., e H.O., C.C.,1977. Estudos preliminares sobre o ácaro tarsonemídeo do arroz, *Steneotarsonemus spinki Smiley* (Acarina : Tarsonemidae) *National Sci. Council* 5(4): 274-284.

Lo, K.C., e H.O., C.C.,1979a. Observação ecológica do ácaro do tarsonemídeo do arroz, *Steneotarsonemus spinki J. Agric. Res.* 28(3): 193-197.

Miranda Cabrera, I., Ramos L.,M. e Fernadez, B.M., 2003. Factores que influenciam a proliferação de *Steneotarsonemus spinki* em arroz em Cuba.Mane/o *Integrado de Plagasy Agroecologia.* 69:34-37.

Navia, D., Mendoca, R.S., Melo e L.A.M.P. de, 2005. *Steneotarsonemus spinki* Smiley- Um ácaro Tarsonemídeo invasor que ameaça as culturas de arroz na América do Sul. *In:Simpósio, Proteção das plantas e fitossanidade na Europa: introdução e disseminação de espécies invasoras, 9-11 de junho de 2005,* pp 267-268.

Ou, S.H., 1976. Ocorrência de um ácaro no distrito de Taiwan, Taiwan. *Intren. Rice Res. News 1.*1 (2): 15.

Ramiah, K., 1931. Investigação preliminar sobre a ocorrência de esterilidade no arroz *(Qryza sativa). Agric Livestock* **1** :414-416.

Rao, Jagadiswari e Prakash A., 1987. Estudos sobre a interação e a biologia do ácaro do arroz. *Relatório anual,* CRRI, Cuttack (Índia), 48p.

Rao, Jagadiswari e Prakash, A., 1984. Ocorrência do ácaro do grão. *Tarsonemus sp.* em arroz armazenado. *Intren. Rice Res. Newsl.9* (2): 17-18.

Rao, Jagadiswari e Prakash, A., 1986. *Caloglyphus berlesei* Michael, um ácaro do arroz. *Oryza 24:* 286-287.

Rao, Jagadiswari e Prakash A., 1995. Deterioração biológica da qualidade das sementes de arroz devido a insectos e ácaros e seu controlo através da utilização de plantas *Relatório final do esquema ad hoc do ICAR* (1992-95) CRRI, Cuttack (Índia), 76p.

Rao, Jagadiswari e Prakash A., 1992. Uma infestação de ácaro tasonemídeo, *Steneotarsonemus spinki* Smiley, no arroz em Orissa. *J. Appl. Zool. Res.* 3(2) :103.

Rao, Jagadiswari e Prakash A., 1996a. *Cynodon dactylon* (Linn)

Pers.(Graminae) : um hospedeiro alternativo do ácaro tarsonemídeo do arroz, *Steneotarsonemus spinki* Smiley. *J. Appl. Zool. Res.7* (1): 50-51.

Rao, Jagadiswari e Prakash A., 1996b. Interação do ácaro do tarsonemídeo do arroz, *Steneotarsonemus spinki* Smiley, com fungos patogénicos do arroz para deteriorar a qualidade das sementes de arroz. J. *Appl. Zool. Res. 7 (2):* 165-166.

Rao, Jagadiswari e Prakash A., 2003. Ácaro da panícula que causa esterilidade nos arrozais dos agricultores na Índia. *J. Appl. Zool.* 7?e5· .14(22): 12-17.

Rao, Jagadiswari e Prakash, A., 2002. *Schoenoplectus articulatus* (Linn.) palla (Cyperaceae): um novo hospedeiro do ácaro tarsonemídeo *Steneotarsonemus spinki* Smiley e do tripes da panícula *Haplothrips ganglbaureri Schmutz. J. AppL Zool. Res.* 13(2/3): 174-175.

Rao, Jagadiswari e Prakash, A., 2006. Seleção de insecticidas eficazes e de variedades de arroz menos susceptíveis para o controlo do ácaro da panícula, *Steneotasonemus spinki* Smiley. *Entemon* 31(1): 69-72.

Rao, Jagadiswari e Prakash, A.,1985. *Tryphagus palmerum*: um ácaro em plântulas de arroz e na bainha das folhas. *Intren.Rice Res. NewslAto* (4): 13-14

Rao, Jagadiswari, Prakash A. Ghosh, S.K., e Sinha, P.K., 1998. Ocorrência de ácaros tarsonemídeos do arroz e deterioração da qualidade das sementes causada pelo ácaro da panícula nos arrozais. *Oryza* 34:297-299.

Rao, P.R.M., Bhavani, B., Rao, T.R.M., e Reddy, P.R., 2000. Esterilidade de espiguetas/descoloração de grãos em arroz em Andhra Pradesh, Índia. *Intern. Rice Res. Notes.25(3)* :40

Sogawa, K., 1977. Ocorrência de ácaros tarsonemídeos do arroz no IARI, Filipinas. *Intern. Rice Res. Newsl.* 2(5) :17.

Tseng, Y.H., 1978. Problemas de nomenclatura do ácaro tarsonemídeo de pêlos longos, *Steneotarsonemus spinki* Smiley. *Plant Prot. Bull.* 20(2): 175-176.

Prato 1- Pancicles de arroz saudáveis

Fig.2 - Diferentes tipos de grãos estéreis/café

Fig.3 - Bainha de planta de arroz infestada por *Steneotarsonemus spinki* Smiley
Fig.4- Panículas de arroz infestadas por *Steneotarsonemus spinki* Smiley

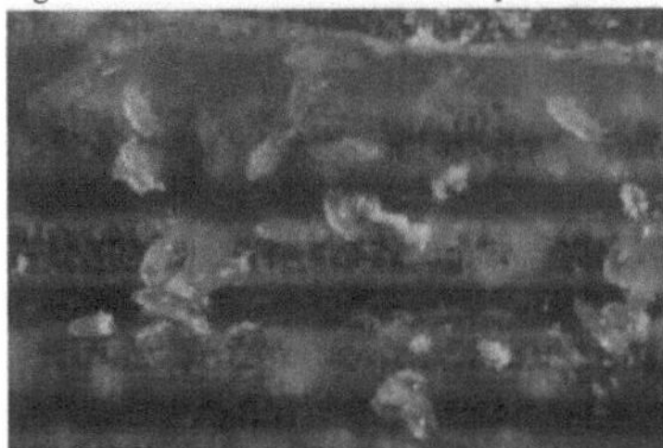
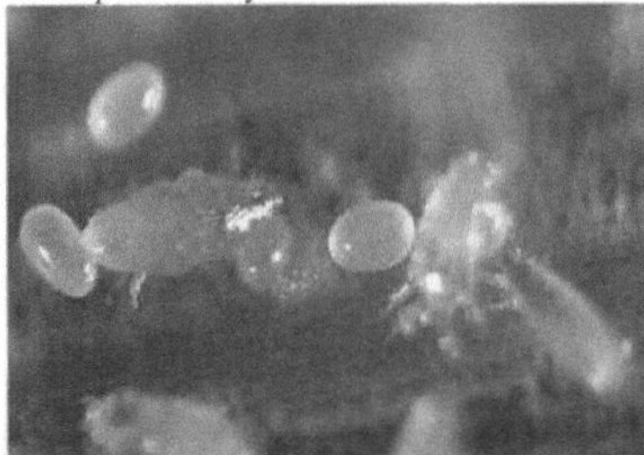

Fig.5- População de S. *spinki* que se alimenta na bainha do arroz

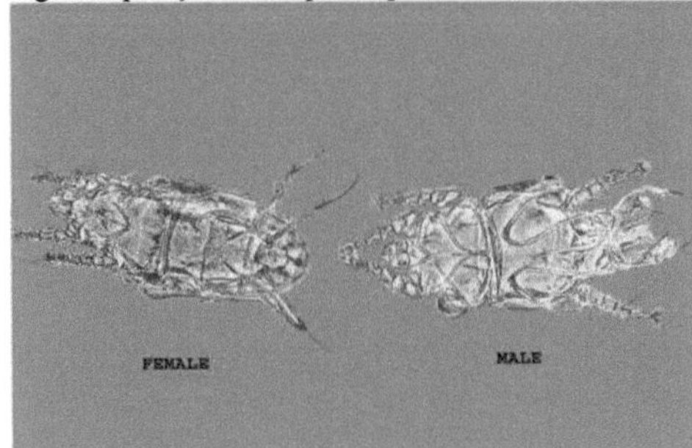

Fig.6- Imagem do ácaro da panícula, *Steneotarsonemus spinki*

yes
I want morebooks!

Buy your books fast and straightforward online - at one of world's fastest growing online book stores! Environmentally sound due to Print-on-Demand technologies.

Buy your books online at
www.morebooks.shop

Compre os seus livros mais rápido e diretamente na internet, em uma das livrarias on-line com o maior crescimento no mundo! Produção que protege o meio ambiente através das tecnologias de impressão sob demanda.

Compre os seus livros on-line em
www.morebooks.shop

Printed by Books on Demand GmbH, Norderstedt / Germany